Inhalt

Wasser: Lebensgrundlage, Habitat, Nahrungsmittel

AUFGABE: Ergänze den Text mit diesen Begriffen: Fische, Gewässerökologie, Handlungen, Klimawandel, Leben, Planeten, Trinken, Verantwortung, Vielfalt, Wasserqualität, Zustand

Wasser ist nicht nur ein gewöhnlicher Teil unserer Umwelt, sondern es ist die Quelle des Lebens selbst. Es bedeckt einen Großteil unseres ______________ und ist unverzichtbar für jede lebende Kreatur, einschließlich uns Menschen. Doch Wasser ist nicht nur für unser körperliches Überleben entscheidend, es spielt auch eine wichtige Rolle in vielen anderen Aspekten unseres Lebens. In der Natur sorgt Wasser dafür, dass Pflanzen wachsen und blühen. Es schafft Lebensräume für Tiere und ermöglicht die ______________ unseres einzigartigen Ökosystems. Aber Wasser ist nicht nur für die Natur von Bedeutung. Es ist auch in unserem Alltag allgegenwärtig. Wir verwenden es zum ______________, Kochen, Waschen und zur Energieerzeugung. Ohne Wasser gäbe es keine Ernte, kein Schwimmen im Sommer und keine Möglichkeit, saubere Kleidung zu haben. Leider sind unsere Wasserressourcen nicht unerschöpflich. Es liegt in unserer ______________, sorgsam mit Wasser umzugehen und es zu schützen. Wir sollten uns bewusst sein, wie viel Wasser wir verbrauchen und wie unsere ______________ die Qualität unseres Wassers beeinflussen. Die Verschmutzung von Gewässern und der ______________ sind ernsthafte Bedrohungen für unser Wasser, die wir gemeinsam angehen müssen. Wasser ist ______________ und wir alle sind dafür verantwortlich, es zu schützen und zu bewahren, damit zukünftige Generationen die Wunder dieses lebenswichtigen Elements ebenso erleben können wie wir heute.

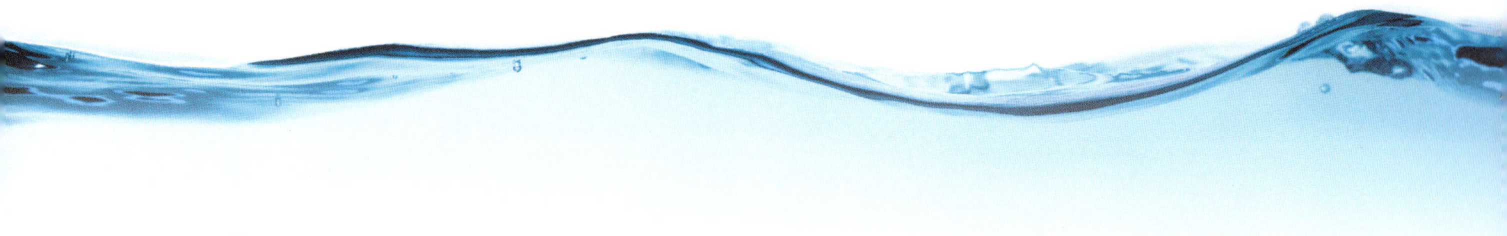

Wasserqualität

Ganz allgemein versteht man darunter die Zusammensetzung der Inhaltsstoffe des Wassers. Die Kriterien und Merkmale zur Beurteilung der ____________ sind jedoch ganz unterschiedlich, je nachdem, ob es sich um Trink- oder Brauchwasser handelt, ob die Ergebnisse der Abwasserreinigung, der Zustand eines Badegewässers oder die gesamte ____________ betrachtet werden. Insbesondere im Gewässerbereich hat das Thema Wasserqualität vor allem durch die Europäische Wasserrahmenrichtlinie große Bedeutung erlangt. Der ökologische ____________ eines Gewässers wird in fünf Kategorien unterteilt (sehr gut, gut, mäßig, unbefriedigend und schlecht) und anhand biologischer, hydromorphologischer und physikalisch-chemischer Merkmale beurteilt. Auch der Bestand der ____________ und Pflanzen im Gewässer ist ein Maß für die Wasserqualität.

2.1 Wassertypen

AUFGABE: Welche Eigenschaften kannst du welchem Wassertyp zuordnen? (Mehrfachnennung möglich) Verbinde die verschiedenen Begriffe mit unterschiedlichen Farben!

Regenwasser	riecht frisch
Eis und Schnee	schmeckt salzig
Nebel	riecht muffig
Pfützen	warm
Bach- oder Flusswasser	kalt
Wasser in der Talsperre	gefärbt
Wasser in einem Bergsee	farblos
Wasser aus dem Gartenteich	hier leben Wassertierchen oder Fische
Wasser aus dem Baggersee	trüb (Schwebstoffe)
Wasser am Strand/Meer	klar

2.2 Der Trinkwasser-Check

AUFGABE: Geschmackstest

Vorbereitung: Alle aus deiner Klasse bringen eine Flasche Wasser (Leitungswasser, Mineral- oder Sprudelwasser) mit in den Unterricht. Testet die verschiedenen Wassersorten und vergleicht. Welche schmeckt am besten?

→ Nimm immer nur zwei oder drei Schlucke, damit es für alle reicht.
→ Notiere, wie das Wasser geschmeckt hat, z. B. süß, frisch, salzig, bitter ...

	Note	Das Wasser schmeckt
Flasche 1		
Flasche 2		
Flasche 3		
Flasche 4		
Flasche 5		
Flasche 6		

Wasser brauchen wir täglich!

Ohne Wasser müssen Menschen, Tiere und Pflanzen sterben. Der Mensch verdurstet nach zwei Tagen ohne Flüssigkeit. Wir scheiden täglich Wasser aus: beim Schwitzen, wenn wir zur Toilette gehen, sogar bei jedem Atemzug. Deshalb müssen wir täglich ca. zwei Liter Flüssigkeit zu uns nehmen. Trinken wir zu wenig, bekommen wir Durst. In Deutschland verbraucht eine Person durchschnittlich 128 Liter Wasser pro Tag.

Quelle: https://bit.ly/3PV7bdC

Der Wasserverbrauch setzt sich pro Person ungefähr wie folgt zusammen:

- Körperpflege, Baden und Duschen **46 l**
- Toilettenspülung **34 l**
- Wäschewaschen **13 l**
- Sonstiges **11 l**
- Geschirrspülen **8 l**
- Putzen, Autopflege und Garten **8 l**
- und nur 5 Liter Trinkwasser verwenden wir zum Trinken und zum Kochen. **5 l**

Quelle: BDEW, 2021, gerundet

AUFGABE: **Führe ein Protokoll über den Wasserverbrauch bei euch zuhause. Vergleiche deine Ergebnisse mit dem Diagramm „Wasserverbrauch".**

Uhrzeit	Wer?	Was?	Wasserverbrauch?
7:00 Uhr	*ich*	*Zähne putzen*	*ca. 1 l*
7:15 Uhr	*meine Schwester*	*Toilette*	*2 l*
8:00 Uhr	*Papa*	*Waschmaschine*	*ca. 8 l*

Summe: ____________

„Wasser ist keine übliche Handelsware, sondern ein ererbtes Gut, das geschützt, verteidigt und entsprechend behandelt werden muss.“

Dies ist der erste Satz der Europäischen Wasserrahmenrichtlinie aus dem Jahr 2000, die das Ziel hat, dass alle Fließgewässer, das Grundwasser und die Küstengewässer bis spätestens 2027 in einem „guten ökologischen Zustand“ sind. Sie ist die Basis für europaweit einheitliche Kriterien zur Wasserqualität und die Grundlage für Maßnahmen zum Schutz der Gewässer.

Quelle: www.bmuv.de

Kriterien

- einheitliche Normen und Verfahren zur Beschreibung des chemischen Grundwasserzustandes
- Parameter für nationale Schwellenwerte zur Schadstoffbelastung

Maßnahmen

- Regelungen zum Umkehrpunkt von Belastungstrends
- Maßnahmen zur Verhinderung oder Begrenzung des Eintrags von Schadstoffen in das Grundwasser

4.1 Was bedeutet „ökologischer Zustand“?

Der „ökologische Zustand“ wird durch biologische, strukturelle und chemisch-physikalische Qualitätsmerkmale bestimmt.

Die in einem Gewässer lebenden Organismen sagen viel über dessen Qualität aus. Generell kann man diese Organismen in fünf Gruppen unterteilen: wirbellose Tiere (Makrozoobenthos), Wasserpflanzen (Makrophyten), Algen (Phytobenthos) und schwebende Algen (Phytoplankton) sowie Fische. Welche Arten und wie viele Individuen man findet, sind Kriterien für die Lebensbedingungen dieses Habitats.

Strukturelle Merkmale zeigen die „äußeren Umstände“ eines Gewässers. Ist es stehend oder fließend? Gibt es dort Schiffe, Stauwehre oder andere Bauwerke, die die natürliche Struktur des Gewässers beeinflussen?

Chemisch-physikalische Analysen ermöglichen eine detaillierte Bewertung der Gewässerqualität. Daten zu Temperatur und Schadstoffgehalt können gemessen, kategorisiert und verglichen werden.

AUFGABE: Welche Merkmale in den drei Kategorien fallen dir ein? Welche hältst du für wichtig?

biologisch	strukturell	chemisch-physikalisch
• viele Organismen	• Badesteg	• kaltes Wasser
• ____________	• ____________	• ____________
• ____________	• ____________	• ____________
• ____________	• ____________	• ____________

Quellen: https://bit.ly/3pxKAZI, https://bit.ly/3MhtXd7, https://bit.ly/3VTH5sa

4.2 Eigenschaften von Fließgewässern

Fließgewässer sind die Lebensadern unserer Zivilisation. Für viele verschiedene Tiere und Pflanzen sind kleine Bäche und große Ströme Heimat. Wir Menschen nutzen sie oft zum Schwimmen, Angeln oder zu sonstigen Erholungszwecken. Flüsse können uns auch sauberes Trinkwasser liefern. Darüber hinaus dienen sie als Wasserstraßen, auf denen Waren transportiert werden. Mit ihrer Hilfe wird Strom produziert, sie spielen eine wichtige Rolle bei der Kühlung in Industriebetrieben und beeinflussen das Klima in den Städten an ihren Ufern. Insgesamt sind Flüsse also von großer Bedeutung für die Natur und unsere Gesellschaft.

Gegenüberstellung von Eigenschaften eines Fließgewässers

So viele unterschiedliche „Aufgaben" eines Fließgewässers beinhalten auch Konflikte. Wenn zum Beispiel ein Fluss intensiv zum Warentransport genutzt wird, sind die Ufer meist befestigt und bieten daher keine natürlichen Lebensräume mehr für Tiere und Pflanzen.

Überlege, wo und wie die verschiedenen Aufgaben und Merkmale eines Fließgewässers miteinander konkurrieren. Verbinde dabei die Eigenschaften, die zueinander passen.

Nutze dazu unterschiedliche Farben.

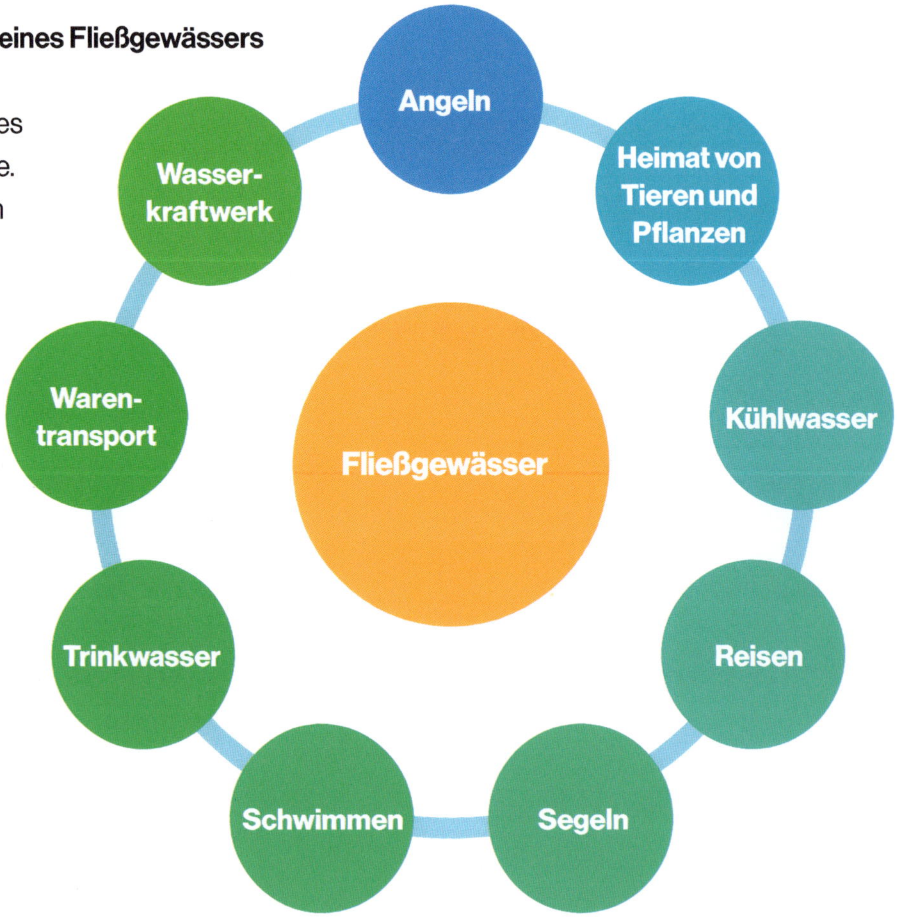

AUFGABE: Wie beeinflussen die jeweiligen Aufgaben die biologischen, strukturellen und chemisch-physikalischen Merkmale?

	Heimat von Tieren und Pflanzen	Freizeit: Angeln, Segeln, Schwimmen, ...	industrielle Nutzung	Wasserstraße
biologisch				
strukturell				
chemisch-physikalisch			*Kühl- und Abwässer*	

5. Strömung als ökologischer Umweltfaktor im Fließgewässer

Die Strömung ist ein äußerst wichtiger ökologischer Faktor in Fließgewässern. Sie hat weitreichende Auswirkungen auf die Lebensgemeinschaften und Ökosysteme in diesen Gewässern.

- Die Strömung fördert die Sauerstoffversorgung des Wassers, da sie die Durchmischung von Luft und Wasser ermöglicht.
- **Nahrungsverfügbarkeit:** Strömungen transportieren Nährstoffe und Nahrungspartikel.
- Unterschiedliche Strömungsgeschwindigkeiten und -muster schaffen vielfältige **Lebensraumtypen**, die von verschiedenen Arten genutzt werden können.
- **Fortpflanzung:** Bestimmte Fischarten nutzen spezifische Strömungsbereiche für die Ablage ihrer Eier, um sicherzustellen, dass die Larven ausreichend Nahrung erhalten.
- **Migration:** Viele Fischarten wandern stromaufwärts und stromabwärts in Flüssen, um ihre Lebenszyklen zu vervollständigen.
- **Sedimenttransport:** Strömungen bewegen Sedimente in Fließgewässern und beeinflussen so die Form und Beschaffenheit des Gewässerbodens.

Organismen in Fließgewässern haben spezielle Anpassungen entwickelt, um in diesen dynamischen Umgebungen zu überleben.

- **Strömungsanpassungen:** Fische haben stromlinienförmige Körper, um gegen die Strömung zu schwimmen, während einige Insekten spezielle Saugnäpfe oder Haftstrukturen haben, um sich an Substraten festzuhalten.
- **Nahrungserwerb:** Organismen in Fließgewässern sind oft darauf spezialisiert, Nahrung in schnell fließenden Gewässern zu finden und zu fangen.
- **Atmung:** Viele Wasserpflanzen und aquatische Insekten haben spezielle Anpassungen entwickelt, um Sauerstoff aus dem Wasser zu extrahieren, da der Sauerstoffgehalt in Fließgewässern variabel sein kann.
- Einige Fließgewässerorganismen nutzen komplexe **Fortpflanzungsstrategien**, um sicherzustellen, dass ihre Nachkommen nicht weggespült werden.
- **Toleranz:** Fließgewässer sind anfällig für Veränderungen in der Wasserqualität und -quantität.

AUFGABE: Optimale Anpassung an Strömungen
Wie können sich die unterschiedlichen Organismen am besten an die Strömung anpassen? Sortiere die Tiere in die Tabelle. Begründe deine Entscheidungen!

	Habitat	**Nahrung**	**Atmung**	**Fortpflanzung**	**Toleranz**
Fisch			Kiemen		
Köcherfliege					
Napfschnecke					
Vierkantwurm					
Hakenkäfer					
Fischegel					

6.1 Wie wird der ökologische Zustand bestimmt?

Untersuchungen beantworten folgende Fragen:

- Entspricht die Gewässerstruktur naturnahen Bedingungen und bietet sie vielfältige Lebensräume für die Tiere, die auf der Gewässersohle leben (Makrozoobenthos)?
- Wird die an das Gewässer angrenzende Aue so stark durch den Menschen beeinflusst, dass die Lebensgemeinschaft im Wasser Schaden nimmt?
- Zeigen die chemisch-physikalischen Bedingungen eine Verschlechterung der Wasserqualität, die zur Verarmung der Lebensgemeinschaft führt?
- Zeigt die im Untersuchungsabschnitt vorgefundene Lebensgemeinschaft naturnahe Bedingungen?

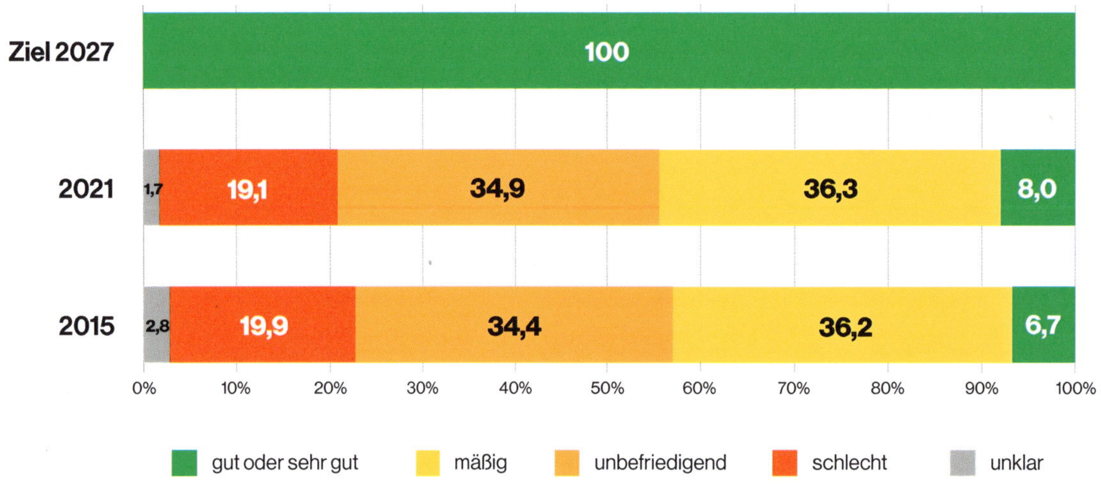

Im Jahr 2021 waren nur 8 Prozent der deutschen Flüsse und Bäche in einem „guten" oder „sehr guten" ökologischen Zustand beziehungsweise es wurde ihnen ein „gutes" ökologisches Potenzial zugesprochen.

Quelle: Ökologischer Zustand der Fließgewässer | Umweltbundesamt

Etwa die Hälfte der Flüsse und Bäche in Deutschland wird als „erheblich verändert" oder „künstlich" ausgewiesen. Für diese Gewässer gilt, im Gegensatz zu den natürlichen Gewässern, nicht der gute ökologische Zustand als Ziel, sondern das gute ökologische Potenzial.

Die häufigsten Ursachen, dass ein „guter ökologischer Zustand" nicht erreicht wird, sind:

- die zu hohen, meist aus der Landwirtschaft stammenden Belastungen durch Nährstoffe, Feinsedimenteinträge und Pflanzenschutzmittel sowie
- negative Veränderung der Gewässer durch Verbauung und Begradigung sowie die durch Wehre unterbrochene Durchgängigkeit der Fließgewässer.

6.2 Entwicklung der Gewässergüte im Ruhreinzugsgebiet

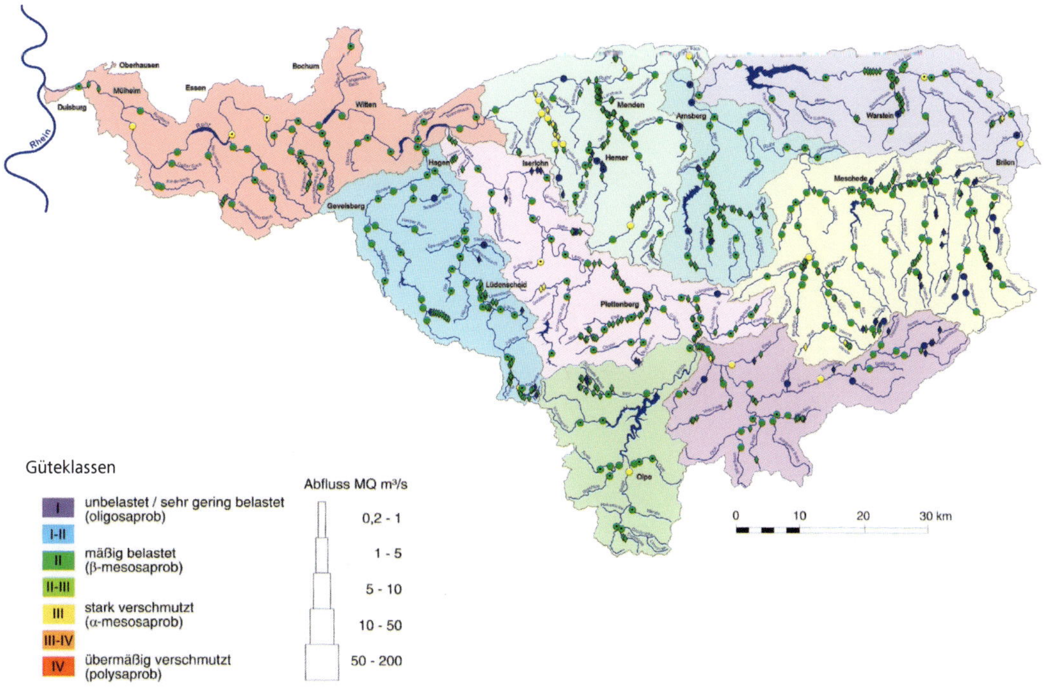

Gewässergüte **2012**

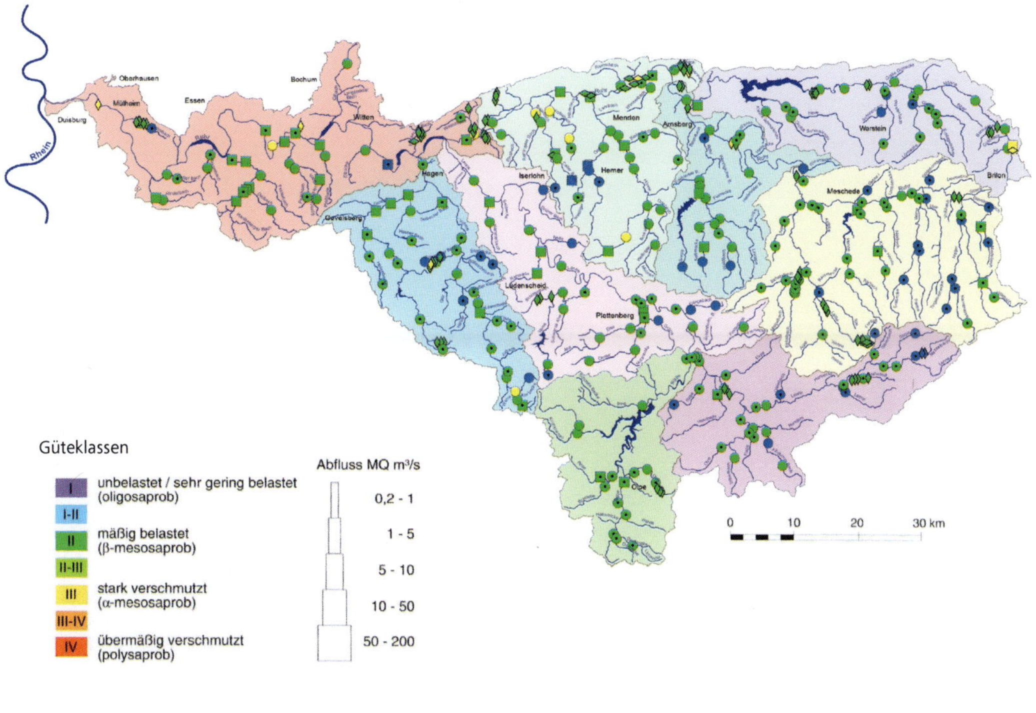

Gewässergüte **2022**

Quelle: „Entwicklung des Makrozoobenthos in den letzten 50 Jahren". https://www.ruhrverband.de/fileadmin/pdf/presse/wissen/ruhrgueteberich t2022.pdf

6.3 Die Teams zur Gewässeruntersuchung

Für die ökologische Untersuchung eines Fließgewässers werden verschiedene Expert*innen-Teams gebildet, die sich bestimmten Herausforderungen im Gelände stellen und Aufgaben bewältigen müssen. Alle Untersuchungsergebnisse werden zusammengetragen und ausgewertet.

Chemie-Team		
Aufgaben	**Material**	**Arbeitsblätter**
Zwei bis drei Mitglieder untersuchen die chemische und physikalische Wasserqualität: • Probenahme • Dokumentation • Auswertung	• Analyse-Kit • Abfallcontainer für verbrauchte Chemikalien • Sicherheitsbrille, Laborkittel, Latexhandschuhe	• Gewässerkennblatt • Auswertungsbogen

Strukturgüte-Team		
Aufgaben	**Material**	**Arbeitsblätter**
Zwei bis drei Mitglieder untersuchen und bewerten die Strukturen im Gewässer und im angrenzenden Umland.	• Kamera • Zeichenblock und Stift (wasserfest) • Maßband	• Skizzenblatt

Fauna-Teams		
Aufgaben	**Material**	**Arbeitsblätter**
Alle weiteren Schülerinnen und Schüler bilden mit je zwei bis vier Personen die Fauna-Teams. Sie untersuchen und bewerten die Lebensgemeinschaft im Gewässer.	• große Weißschale • Kescher oder Küchensieb • Becherlupe • ein Spachtel, ein paar Gummihandschuhe, Schraubenzieher • Stahlpinzetten • Maßband oder Lineal	• Taxaliste • Bestimmungsschlüssel

6.4 Expedition planen, durchführen und auswerten

Planung

- ☐ Termin und Ort festlegen. Es werden nur Gewässer untersucht, welche auf gesamter Länge und Breite von allen Teilnehmenden sicher durchwatet werden können!
- ☐ Vor der Exkursion die zuständige Behörde benachrichtigen, in der Regel die „Untere Wasserbehörde“. Diese kann wertvolle Hinweise über Fauna und Flora geben und über andere Besonderheiten informieren (Verschmutzungsgrad, Renaturierungsmaßnahmen, Unterhaltungsmaßnahmen). Normalerweise sind die Behörden dankbar, wenn man ihnen nachher die Ergebnisse zur Verfügung stellt.
- ☐ Teams einteilen
- ☐ Material organisieren (s. oben)
  - ☐ außerdem: Erste Hilfe-Koffer; zusätzlich isotone Kochsalzlösung zum Spülen der Augen bei Kontakt mit Chemikalien
  - ☐ topografische Karten und/oder Straßenatlas
  - ☐ Müllbeutel

Durchführung

- ☐ Jedes Team sollte sich immer in Hörweite der Lehrkraft befinden.
- ☐ Auf mögliche Unebenheiten achten, besonders an den Gewässern, an denen aufgrund von Trübung die Gewässersohle nicht sichtbar ist sowie an steilen und bewachsenen Uferabbrüchen!
- ☐ Trinkpausen einlegen. Am Gewässer ist das Durstgefühl unterdrückt.
- ☐ Sonnenschutz an heißen Tagen bzw. wetterfeste Kleidung bei Regentagen.

Auswertung

- ☐ Chemie-Team: Auswertung gemäß Arbeitsblatt
- ☐ Strukturgüte-Team: qualitative Bewertung. Wie viele künstliche Strukturen wurden gefunden? Wie beeinflussen diese das Gewässer?
- ☐ Fauna-Teams: Alle Taxa-Ergebnisse werden in einer Tabelle zusammengefasst.
  - ☐ Wie viele Tiere wurden gefunden? Wie viele unterschiedliche Arten? Generell gilt: Je diverser, desto besser!

Biologische Qualitätsmerkmale	sehr gut	gut	mäßig	unbefriedigend	schlecht
Anzahl unterscheidbarer Taxa (Formen)	> 19	15-19	10-14	5-9	< 5
Plecoptera	> 5	4-5	2-3	1	0
Summe Punkte pro Spalte					

6.5 Verhaltensregeln

- ☐ Exkursionen an einem Gewässer können dieses erheblich negativ beeinflussen, deshalb müssen sich ALLE behutsam am Gewässer und in seinem Umfeld verhalten!
- ☐ Uferpflanzen sollten nicht unnötig zertreten werden. Jede Gruppe sollte dementsprechend nur einen Ort wählen, an dem das Material zentral gesammelt wird und an dem man sich trifft, um die Ergebnisse zu besprechen!
- ☐ Steine, die aus dem Gewässer entnommen wurden, werden nach der Untersuchung wieder ins Gewässer gelegt. Steine sind Lebensräume!
- ☐ Tiere werden vorsichtig behandelt und nach der Untersuchung wieder zurück in ihren Lebensraum gebracht!
- ☐ Im Gelände bleibt nichts zurück. Du verlässt das Gewässer und sein Umfeld so, wie du es vorgefunden hast!
- ☐ Chemikalien werden nicht ins Gewässer gekippt! Diese werden in extra Containern gesammelt und über das Chemikalienlabor der Schule entsorgt. Chemikalien dürfen nicht in die Augen, den Mund und die Nase gelangen. Verpackungen von Chemikalien werden niemals mit den Zähnen geöffnet!
- ☐ Wenn aufgrund von Trübung die Gewässersohle nicht gesehen werden kann, z. B. an steilen und bewachsenen Uferabbrüchen, kann es dort uneben und rutschig sein. Sei hier bitte besonders aufmerksam!
- ☐ An Baumstämmen und Wurzeln, die im Wasser liegen, kann es sehr tief sein!
- ☐ Steine können durch Algenbeläge sehr glatt sein!
- ☐ Das Gewässer wird nicht unnötig betreten, sondern nur zur Probennahme.
- ☐ Das Gewässer wird erst betreten, wenn die Fauna-Gruppen ihre Proben genommen haben.
- ☐ Nur wenn wir alle zusammen die Aufgaben zuverlässig und genau durchführen, erzielen wir ein gesichertes Ergebnis über den ökologischen Zustand des Gewässers.

ZUSATZAUFGABE: Erstelle Symbole zu den einzelnen Verhaltensregeln.

Beispiel: Im Gelände bleibt nichts zurück.

6.6 Gewässerkennblatt

Gewässername: ____________________

Details zur Entnahmestelle: ____________________

____

Strömungsgeschwindigkeit*: ____________________

Datum: ____________________ Uhrzeit: Start: ____________________

Ende: ____________________

Name der Schule: ____________________

Name Kurs und Jahrgangsstufe: ____________________

Name Lehrer*in: ____________________

Name Probenehmer*in: ____________________

Wetter (24 Stunden): ____________________

Wetter (jetzt): ____________________

Lufttemperatur: ____________________

Fotos (Ausdrucke beifügen): ____________________

*Strömungsgeschwindigkeit:

- Klasse (K) 1 = keine Fließgeschwindigkeit erkennbar
- K2 = sehr langsame Strömung, meist in Ufernähe
- K3 = langsame Strömung, die Wasseroberfläche ist höchstens vor Strömungshindernissen von kleinen Wellen geprägt, teilweise mit hochquellendem Wasser
- K4 = schnelle Strömung, viele kleine Wellen oder große Wellen mit runden Wellenbergen, aber Wellen nicht gebrochen (kein schäumendes, weißes Wasser), sondern Oberfläche wellblechartig
- K5 = sehr schnelle Strömung, Wasseroberfläche deutlich gestört bzw. durchbrochen
- K6 = turbulente Strömung, mit weiß schäumendem Wasser, Stromschnelle

6.7 Chemisch-physikalische Auswertung

AUFGABE: **Umkreise die Merkmale, die zutreffen bzw. ergänze die Angaben. Jeder Kreis bzw. jede Angabe zählt als ein Punkt. Dann kannst du die Punkte je Spalte zusammenzählen. Die höchste Punktzahl ergibt die chemische Güteklasse.**

Merkmal/Güteklasse	**sehr gut**	**gut**	**befriedigend**	**ausreichend**	**mangelhaft**
Farbe	farblos, klar	leicht getrübt	trübe oder nicht natürlich verfärbt	trübe oder nicht natürlich verfärbt	trübe oder nicht natürlich verfärbt
Geruch	geruchlos, frisch	geruchlos, frisch	unangenehmer Geruch, z. B. faulig, muffig, fischig	unangenehmer Geruch, z. B. faulig, muffig, fischig	unangenehmer Geruch, z. B. faulig, muffig, fischig
Zeichen von Eutrophierung (Anreicherung von Nährstoffen)					
Langfädige Algen, Algenbüschel	keine/selten	keine/ selten	regelmäßig	häufig	häufig/keine
Anteil dicker glitschiger Algenbeläge (%)	< 25 %	25-75 %	75-100 %	75-100 %	< 25 %
Zeichen von Sauerstoffmangel *(schwarze Flecken)*					
Schlamm schwarz gefärbt in 5 cm Tiefe, Oberseite nicht schwarz					
Schlamm Oberseite schwarz					
Unterseite der Steine mit schwarzen Flecken/Belag (% Anteil pro Stein*)	< 25 %	< 25 %	25-75 %	75-99 %	100 %
Messbare Parameter					
pH	6,5-8,5	6,5-8,5	< 6,5 oder > 8,5	< 6,5 oder > 8,5	< 6,5 oder > 8,5
Temperatur (°C)	< 18	18-20	> 20	> 20	> 20
Sauerstoff (mg/l)	> 8	6-8	< 6	< 6	< 6
Sauerstoff (%)	91-110	81-90 oder 111-120	70-80 oder 121-130	60-70 oder 131-140	< 60 oder > 140
Nitrat (mg/l)	< 1,0	1,1-2,5	2,6-5,0	5,1-10	> 10
Nitrit (mg/l)	< 0,01	0,02-0,1	0,11-0,2	0,21-0,4	> 0,4
Ammonium (mg/l)	< 0,04	0,04-0,3	> 0,3	> 0,3	> 0,3
Summe Punkte pro Spalte					

* 5 Steine aus langsam fließendem Bereich untersuchen

6.8 Skizzenblatt

AUFGABE: **Zeichne den Verlauf des Fließgewässers mit allen relevanten Strukturen, wie Kurven und Biegungen, Strömungsbereichen und Wassertiefe. Beachte dabei auch die Besonderheiten der Ufer: Steine, Abbruchkanten, Pflanzen**.

Gibt es künstliche Strukturen wie Einleitungen, Drainagerohre oder Querbauwerke? Wie wird das Umland genutzt? Wenn du Symbole nutzt, erkläre diese in einer Legende.

Kennzeichne auch die Bereiche, in denen das Chemie-Team und die Taxa-Teams unterwegs sind. Dokumentiere alles mit Fotos.

Name Fließgewässer: ____________________, Datum: _________

Skizze Untersuchungsabschnitt: ____________________________

Himmelsrichtung

linkes Ufer	↑ Fließrichtung	rechtes Ufer

6.9 Taxaliste

AUFGABE: **Fange mit einem Kescher Tiere aus dem Gewässer. Gib die Tiere in die Weißschale, um sie zu zählen und, wenn möglich, zu bestimmen. Wenn weniger als 20 Tiere in der Probe sind, nimm eine weitere Probe.**
Lass die Tiere nach der Untersuchung wieder frei!

Fließgewässer/Probestelle: ____________________, Datum: ____________

Fauna-Team: ____

Taxon bzw. Taxa (Plural)	Anzahl
Ephemeroptera (E) = Eintagsfliegen ______ *Heptageniidae* ______ *Baetidae* andere Eintagsfliegen:	
Plecoptera (P) = Steinfliegen ______ *Nemouridae* ______ *Perlodidae* andere Steinfliegen:	
Trichoptera (T) = Steinfliegen ______ Wassergeistchen (*Hydropsyche* sp.) ______ Bergbachköcherfliegen (*Rhyacophila* sp.) ______ Steinchenköcherfliege Typ A ______ Steinchenköcherfliege Typ B andere Köcherfliegen:	
Coleoptera (C) = Käfer	
Bivalvia (B) = Muscheln	
Odonata (O) = Libellen	
Oligochaeta = Wenigborster ______ rote *Oligochaeta*	
Diptera = Zweiflügler ______ rote Zuckmückenlarven (rote *Chironomidae*)	
weitere Taxa:	

6.10 Bestimmungsschlüssel

Ein Bestimmungsschlüssel ist wie ein magisches Buch, das dir hilft, die Geheimnisse der Organismen im Fließgewässer zu lüften. Mit seiner Hilfe kannst du herausfinden, welche Tiere und Pflanzen in unseren Bächen, Flüssen und Seen leben.
Der Bestimmungsschlüssel basiert auf den Merkmalen der Organismen, wie Form, Größe, Farbe und anderen Eigenschaften. Sie sind wie ein Detektivspiel, bei dem du Hinweise sammelst, um das Rätsel zu lösen.

Einen Bestimmungsschlüssel für Fließgewässer kannst du dir hier herunterladen:
Köcherfliegen-Ordner, Seiten 339-378: Feld-Bestimmungsschlüssel

Aufgabe: Beispiel Köcherfliegen.
Nutze den Bestimmungsschlüssel, um eine Köcherfliege korrekt zuzuordnen.

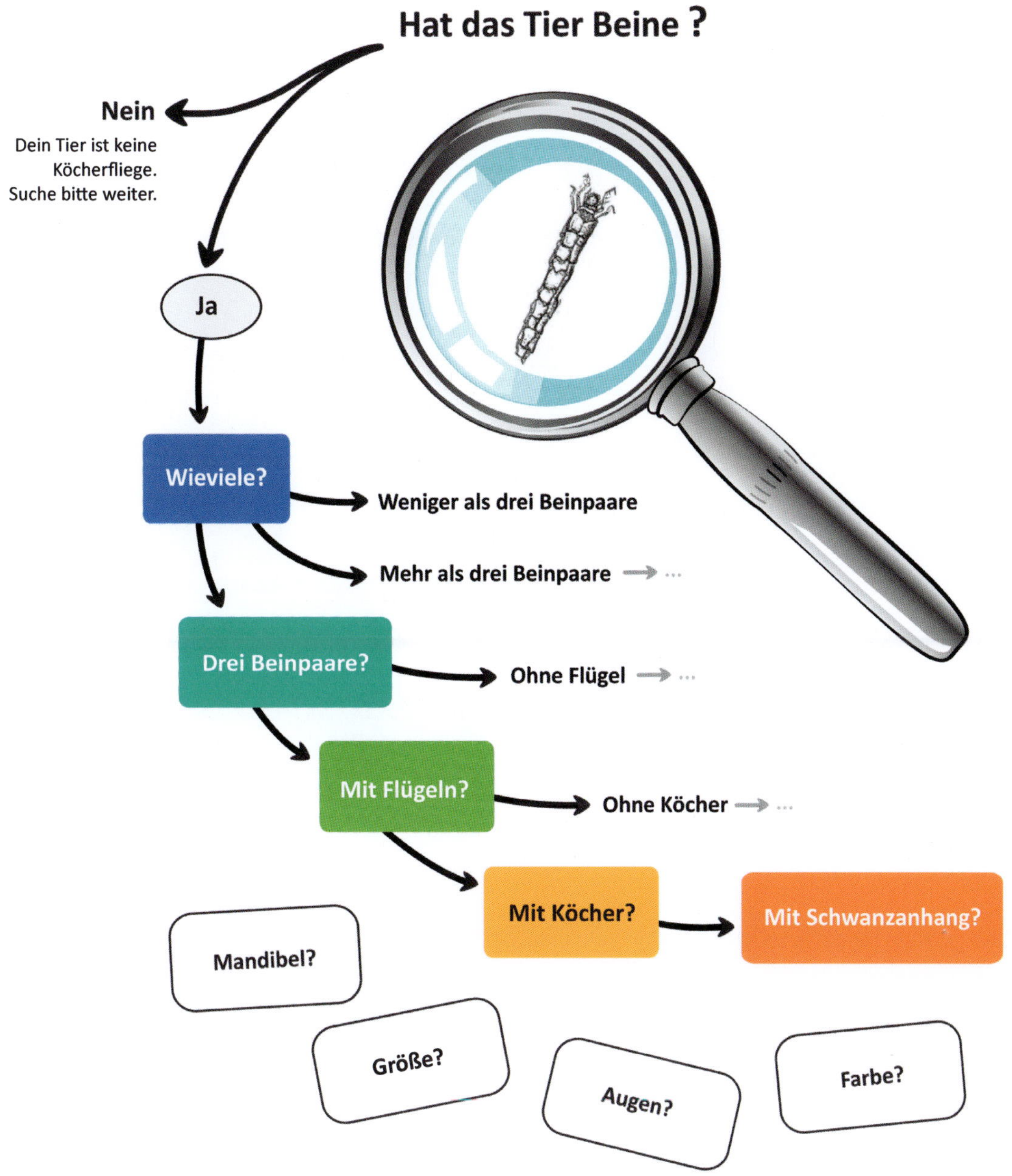

7. Organismen im Fließgewässer

AUFGABE: **Ordne den Karten diese Begriffe zu:**
Bachflohkrebs, Bergbachköcherfliegenlarve, Filtrierer, Kribbelmückenlarve, Posthornschnecke, Räuber, Sammler, Schlammröhrenwurm, Substratfresser, Steinfliegenlarve, Weidegänger, Zerkleinerer.

Vergleiche dein Ergebnis mit deinem Sitznachbarn/deiner Sitznachbarin.

Wenn du dir unsicher bist, kannst du im Internet recherchieren.

____

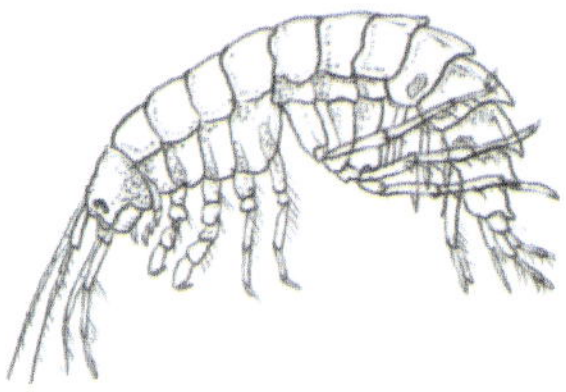

Sie beißen größere Teile aus Makrophyten (höheren Pflanzen), besonders aber aus Laubblättern (CPOM) heraus, die von den Uferbäumen in das Fließgewässer fallen. Zu ihnen gehören z. B. Flohkrebse, Wasserasseln, einige Köcherfliegenlarven, einige Steinfliegenlarven und Schneckenlarven.

____

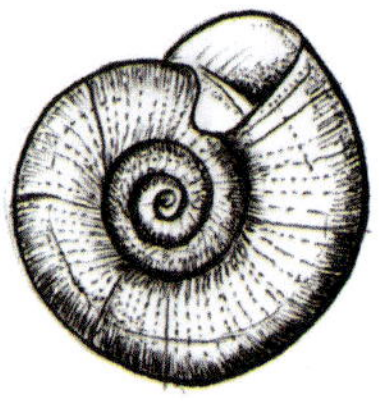

Sie schaben oder raspeln Algenaufwuchs von den Habitatoberflächen. Zu ihnen gehören z. B. die Schnecken, Eintagsfliegenlarven, Steinfliegenlarven, Köcherfliegenlarven und auch Wasserkäfer. Die wichtigsten Schabewerkzeuge sind zu „Rechen" und Bürsten umgewandelte Mundwerkzeuge der Insekten und die Raspelzunge (Radula) der Schnecken.

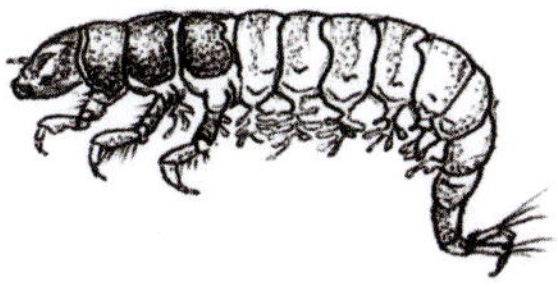

Sie erbeuten gezielt andere Tiere. Wichtige Vertreter in Fließgewässern sind Strudelwürmer, Egel, mehrere Larven von Köcherfliegenarten (z. B. die Bergbachköcherfliege), Steinfliegenlarven, einige Käfer (Schwimmkäfer) und Fische.

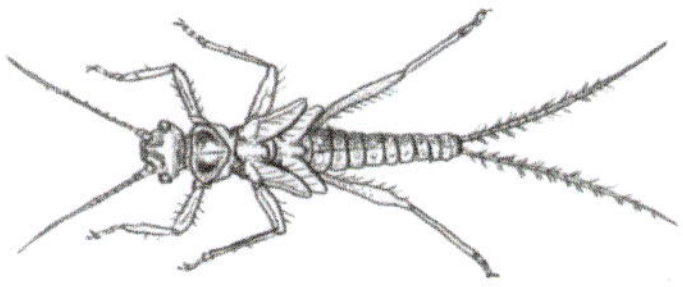

Sie nehmen gezielt Nahrungspartikel auf, vegetarische wie auch tierische (z. B. Detritusflocken) und haben eine Ernährungsposition zwischen den Substratfressern und den Räubern. Einige Vertreter sind Wasserasseln, einige Steinfliegenlarven (z. B. *Leuctra* sp.) sowie einige Eintagsfliegenlarven. Zu diesem Ernährungstyp gehören auch die Substratfresser und die Filtrierer.

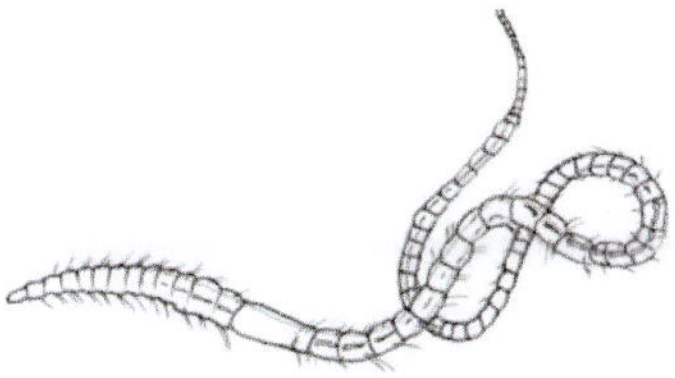

Sie ernähren sich von Schlamm, Detritus und feinem Sand. Verdaut werden allerdings vor allem im Substrat vorhandene Bakterien, Mikroalgen und auch Kleintiere. Typische Vertreter sind Wenigborster und Zuckmückenlarven.

Sie gewinnen ihre Nahrung (organische Schwebstoffe) aus der fließenden Welle. Die wichtigsten Vertreter sind Muscheln, aber auch einige Köcherfliegenlarven, die Unterwassernetze bauen oder filtrierende Beinstellungen besitzen, einige Zuckmückenlarven und schließlich die Larven der Kriebelmücken mit ihren Kopffächern als effektive Filtrierorgane.

8. Makrozoobenthos

AUFGABE: **Richtig oder falsch?**
Im folgenden Text erfährst du viel über das Makrozoobenthos; das sind die wirbellosen, gerade noch mit bloßem Auge erkennbaren Tiere (*Invertebraten*), die im Gewässer leben.

Was ist das Makrozoobenthos (MZB)? Wörtlich übersetzt heißt Makrozoobenthos „große (Makro) Tiere (Zoo), die auf der Gewässersohle leben (*Benthos*)". Der Begriff umfasst wirbellose Tiere (*Invertebraten*), die im Gewässer leben und mit dem bloßen Auge sichtbar sind. Fische (Wirbeltiere) und das Zooplankton (mit dem bloßen Auge nicht erkennbar) zählen nicht dazu. Das Makrozoobenthos umfasst viele Insektenordnungen, Würmer, Spinnentiere, Schnecken, Muscheln und Krebstiere. Unter den Insektenordnungen gibt es einige, die fast nur die Binnengewässer (Seen und Flüsse) bewohnen, wie die Eintagsfliegen (*Ephemeroptera*), die Steinfliegen (*Plecoptera*), die Köcherfliegen (*Trichoptera*) und die Libellen (*Odonata*).

Einige MZB-Arten vollenden ihren Lebenszyklus innerhalb weniger Wochen, andere leben mehrere Jahre im Gewässer. Von den Insekten leben meist nur die unreifen, nicht geschlechtsreifen Larven im Wasser; es gibt aber auch Insekten, z. B. aus der Gruppe der Käfer und Wanzen, die ihren gesamten Lebenszyklus im Wasser verbringen. Die meisten aquatischen „Nicht-Insekten" wie Muscheln, Schnecken, Krebstiere und Würmer findet man ihr gesamtes Leben lang im Wasser.

Die meisten MZB-Arten atmen überwiegend Sauerstoff, der im Wasser gelöst ist. Einige Arten, besonders die aus den Ordnungen der Eintags-, Stein- und Köcherfliegen, brauchen hohe Sauerstoffkonzentrationen. Ist die Sauerstoffkonzentration gering, z. B. im wärmeren und langsam fließenden Wasser, können diese Arten nicht überleben.

Überlege, welche Aussage richtig und welche falsch ist. Begründe deine Entscheidung!

Ein klares Gewässer ohne Lebewesen bedeutet, dass das Wasser toxisch ist.	Otter, Enten und Schmetterlinge sind Teil des Makrozoobenthos.	Insekten leben nur kurz im Wasser und Spinnen gar nicht.
______________________	______________________	______________________
______________________	______________________	______________________

Alle Tiere, die im Wasser leben, haben Kiemen.	Wird das Wasser zu warm, können viele Tiere nicht mehr darin leben.	Je vielfältiger das MZB, desto gesünder das Gewässer.
______________________	______________________	______________________
______________________	______________________	______________________

AUFGABE: Recherchiere über Köcherfliegen und erstelle eine kurze Präsentation oder ein Poster.

Folgende Informationen sollte deine Präsentation (oder dein Poster) enthalten:

- die Lebensweise der Köcherfliegen einschließlich ihrer Lebenszyklen und ihres Lebensraums,
- die Bautechniken und Materialien, die Köcherfliegen für ihre Köcher verwenden,
- ihre Rolle in aquatischen Ökosystemen und ihre Bedeutung für die Umwelt,
- interessante Fakten oder Verhaltensweisen von Köcherfliegen, die du entdeckt hast.

Profitipp: Einige humorvolle Elemente oder Anekdoten über Köcherfliegen erhöhen den Spaßfaktor und bringen deine Klasse und deine Lehrkraft zum Lachen. Orientiere dich gerne an diesem Text:

Warum sind Köcherfliegen beim Gestalten und Bauen ihrer Unterwasserhäuser so begabt? Weil sie nie ihre Baupläne verlieren! Diese kleinen Insekten sind sehr geschickt darin, aus Sand, Steinchen und Pflanzenmaterial ihre Köcher (also ihre Behausungen) zu bauen. Sie sind so besessen von ihren Bauprojekten, dass sie oft vergessen, wo sie ihre Schlüssel (oder in ihrem Fall ihre Beute) verlegt haben. Das führt zu einigen amüsanten Unterwasser-Heimrenovierungen!

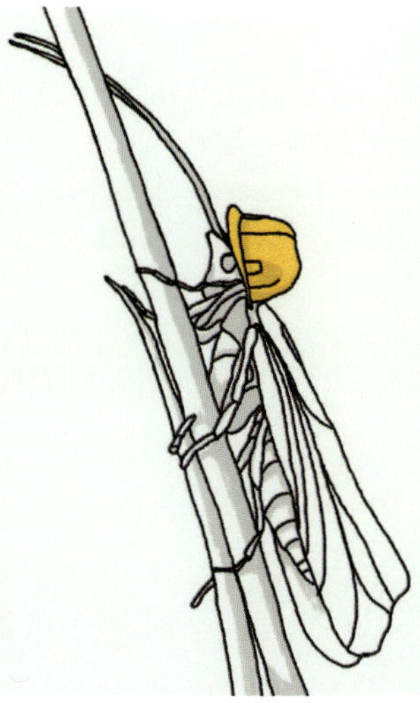

ZUSATZAUFGABE: Du kannst auch eine Präsentation über andere Tiere halten, zum Beispiel über eine Eintagsfliege. Was unterscheidet sie von der Köcherfliege?
Zeichne den Lebenslauf einer Eintagsfliege und beschrifte deine Abbildung mit folgenden Wörtern:
Eier – die Eintagsfliegenlarven werden größer – die Larve steigt auf – erwachsene Eintagsfliege – Paarung – Eiablage

10. Die Wasserspinne

Die Wasserspinne (*Argyroneta aquatica*), auch Silberspinne genannt, lebt in sauberen, stillen oder langsamen Gewässern. Obwohl sie unter Wasser lebt, atmet sie Luft und jagt kleine Wassertierchen.

Wie schafft sie das?
Der Körper der Wasserspinne ist mit winzigen, verzweigten Haaren bedeckt. Wenn sie ihr Hinterteil über das Wasser streckt und wieder zurückzieht, fängt sie Luft zwischen diesen Härchen ein. Auf diese Weise umgibt sie sich mit Luft.

Unter Wasser baut sie glockenförmige Netze, die sie mit Luft füllt und später für ihre Nahrung oder Eier verwendet. Das macht sie, indem sie ein festes Netz webt und es an Wasserpflanzen befestigt. Danach geht sie wieder an die Wasseroberfläche, holt Luft und taucht ab, um die Luft am Netz abzugeben. Die Luft bleibt am Netz haften. Die Spinne macht das immer wieder, bis eine große Luftblase entsteht.
Forscher*innen finden diese Idee faszinierend und experimentieren, um ein Material zu entwickeln, das niemals nass wird.

Quelle: https://bit.ly/3nUhqTC

AUFGABE: **Ergänze den Steckbrief der Wasserspinne!**

Achtung! Wasserspinnen sollten niemals mit bloßen Händen angefasst werden. Sie können durch die Haut beißen, und das kann ziemlich schmerzhaft sein, ähnlich wie ein Wespenstich.

Wissenschaftlicher Name: *Argyroneta aquatica*

Besonderheit: *ist die einzige Spinnenart, die nicht an Land, sondern unter Wasser lebt*

______

______

Größe: ______

Aussehen: ______

______

Nahrung: ______

Verbreitung: ______

Ist der Bestand gefährdet? ______

______

______

AUFGABE: Informiere dich über den Lebensbereich der abgebildeten Fische. Markiere im Text die wichtigsten abiotischen Faktoren und fülle die Tabelle aus.

Bach: Ein Bach ist ein Fließgewässer, dessen Einzugsgebiet eine Größe von 10-100 km² besitzt.

Einzugsgebiet: Das von einem Fließgewässer mit seinen oberirdischen und unterirdischen Zuflüssen entwässerte Gebiet; das jeweilige Fließgewässer kann ein Bach, Fluss oder Strom sein.

Fluss: Ein Fluss hat eine Einzugsgebietsgröße > 100-10.000 km².

Gefälle: Grad der Neigung eines Fließgewässers; je geringer die Entfernung und je größer der Höhenunterschied zwischen zwei Punkten, desto stärker ist das Gefälle. Je stärker das Gefälle, desto stärker ist die Strömung.

Gewässersohle: Umgangssprachlich Flussbett; die Gewässersohle ist aus verschiedenen Substrattypen aufgebaut. Diese können grundsätzlich
a) mineralisch sein, z. B. bestehend aus Gesteinsblöcken, Fels, Schotter (6-20 cm), Kies (0,2-6 cm) oder Sand (< 2 mm) oder
b) aus organischen Substrattypen bestehen, wie z. B. Algen, Wasserpflanzen und Falllaub.

Habitat: Im Fließgewässer werden die verschiedenen Substrattypen auch als Habitate – also Lebensräume – bezeichnet.

Phytobenthos: Mikroskopische Algen, vor allem Kieselalgen, die am Gewässerboden wachsen; sind überwiegend auf mineralischen Substrattypen zu finden.

Strom: Als Ströme werden Fließgewässer bezeichnet, die eine Einzugsgebietsgröße > 10.000 km² haben.

Flusszone	**Quelle**	**Oberlauf**	**Mittellauf**	**Unterlauf**	**Mündung**
Gefälle					
Wasserführung, Wassertrübung, Nährstoffgehalt					
Bodenart (Substrattypen)					
Max. Temperatur					
Sauerstoffgehalt					

Brachsen, *Abramis brama*

Äsche, *Thymallus thymallus*

Barbe, *Barbus barbus*

Kaulbarsch, *Gymnocephalus cernua*

Bachforelle, *Salmo trutta fario*

Deine Kreativität ist gefragt!

AUFGABE: **Erfinde deine eigene Unterwasser-Kreatur.**
Nachdem du einiges über das Leben im Gewässer gelernt hast, ist es nun an der Zeit, deine eigene kreative und einzigartige Unterwasser-Kreatur zu erschaffen.

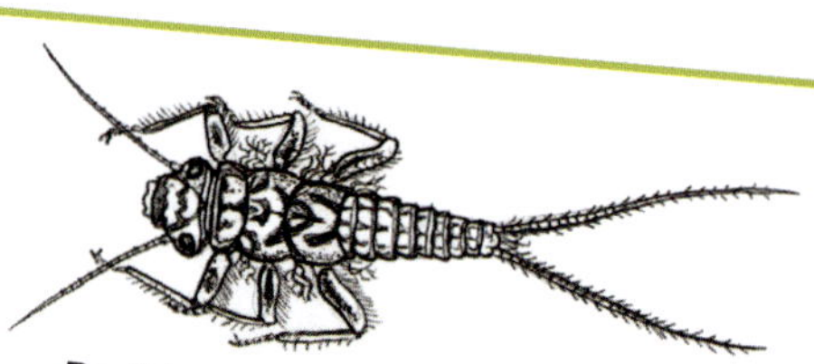

Perlidae (Steinfliegenlarve), Räuber

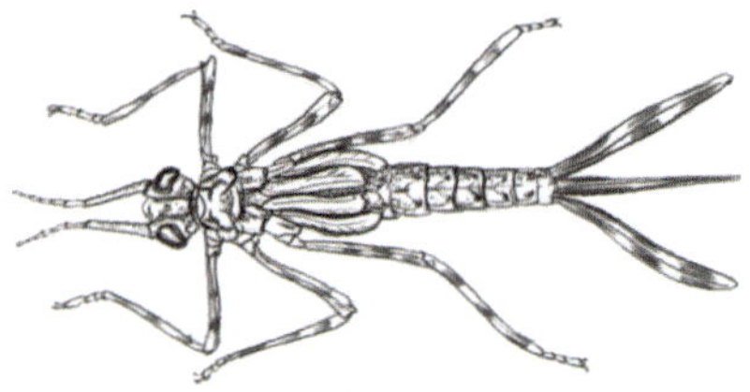

Libellenlarve, Räuber

Raspelzunge, Radula

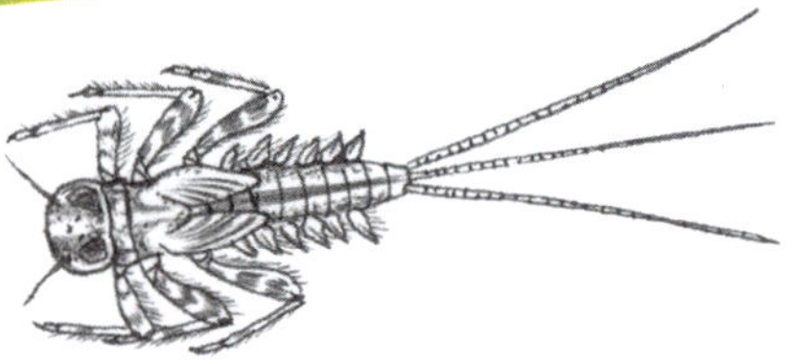

Rhithrogena sp. (Eintagsfliegenlarve), Weidegänger

Flussmuschel, Aktiver Filtrierer

Wasserseelchen (Köcherfliegenlarve), Passiver Filtrierer, Räuber

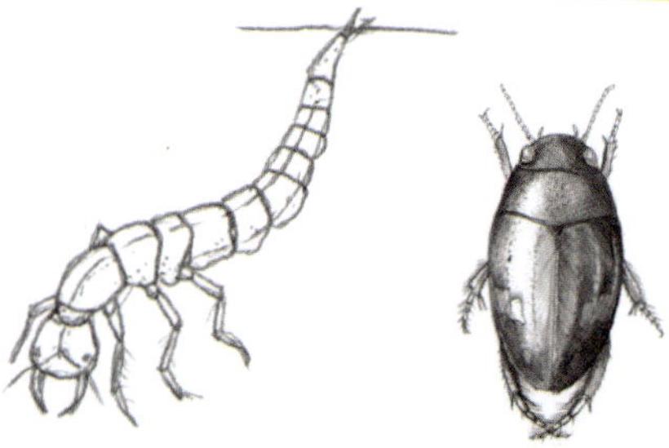

Schwimmkäfer (Larve und Imago), Räuber

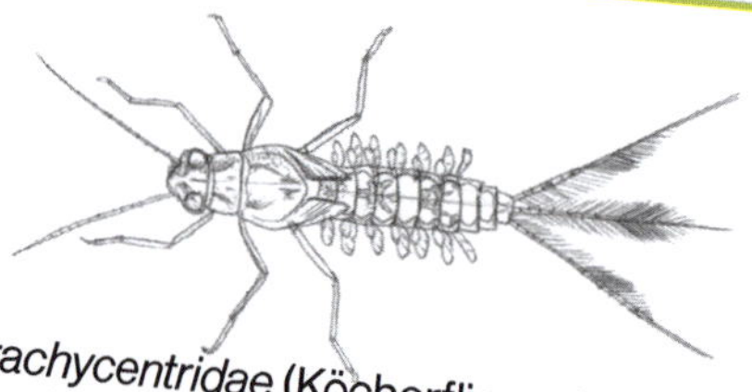

Brachycentridae (Köcherfliegenlarve), Passiver Filtrierer

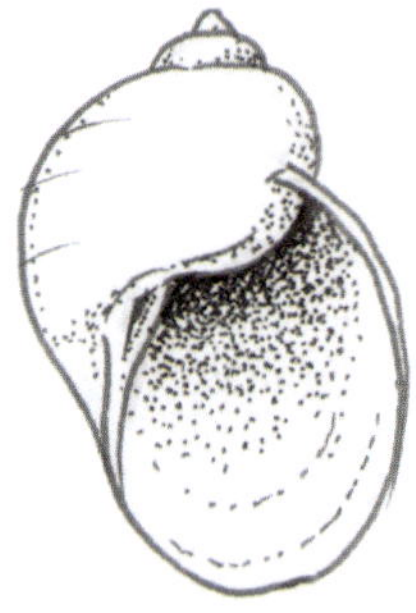

Kehrborste/ Schabebürste

13.1 Was ist Nachhaltigkeit?

Du hast sicher schon von Nachhaltigkeit gehört, aber was bedeutet das eigentlich?
Nachhaltigkeit bedeutet, dass wir nur so viel von der Natur nehmen sollten, wie sie wieder „produzieren“ kann. Das klingt fair, oder? Leider verhalten sich viele Menschen nicht nachhaltig, weil sie zu viel konsumieren und nicht auf die Natur achten. Dadurch nehmen wir anderen Lebewesen ihren Lebensraum weg. Das kann dazu führen, dass diese Lebewesen umziehen müssen oder sogar aussterben.

Hier ist ein einfaches Bild, das man das „Dreieck der Nachhaltigkeit“ nennt.

AUFGABE: Nachhaltigkeit
Sieh dir noch einmal die Aufgabe zu Kapitel 4 „Fließgewässer“ an. Sortiere die Aufgaben eines Fließgewässers nach ökologischen, ökonomischen und sozialen Aspekten. Wo siehst du vielleicht Probleme oder Unterschiede zwischen ihnen?

ökologische Aspekte	ökonomische Aspekte	soziale Aspekte

13.2 Die 17 Ziele der UN

Die Vereinten Nationen haben 17 Ziele zur Nachhaltigkeit formuliert, die unsere globale Agenda für eine bessere Zukunft darstellen. Diese Ziele, darunter sauberes Wasser, Leben unter Wasser und Maßnahmen zum Klimaschutz, erinnern uns daran, wie bedeutend es ist, nachhaltige Praktiken in unser Leben zu integrieren.

AUFGABE: **Impulse und Denkanstöße**

Erkläre die Bedeutung des vielfältigen Lebens unter Wasser, indem du eine beliebige Fischart vorstellst.

Beschreibe, wie die Köcherfliegen in sauberen Gewässern leben, und begründe, warum es wichtig ist, solche Gewässer zu schützen, um die Lebensräume dieser Tiere zu erhalten.

Recherchiere! Wie kann Forschung zu umweltfreundlichen Innovationen führen und so zum Klimaschutz beitragen?

Überlege: Wie können die wissenschaftliche Forschung, Naturschutzorganisationen und die Gemeinschaft zusammenarbeiten, um den Schutz von Wasserressourcen und aquatischen Lebensräumen zu fördern?

13.3 Das Nachhaltigkeitsquiz

AUFGABE: **Schaue dir das Video genau an und beantworte die folgenden Fragen.**

Film

https://17ziele.de/index.html

Vergleicht eure Ergebnisse im Plenum und schreibe deine Punkte auf. Für jede richtige Antwort gibt es Punkte. Bevor wir jedoch mit den Fragen anfangen, **schreibe zunächst bitte auf, was du von den Nachhaltigkeitszielen hältst und was du dafür tust.**

____

____

____

____

Frage 1: Wie viele Mitgliedsstaaten haben sich an einen Tisch gesetzt? / 1 Punkt

a) 193 b) 139 c) 93 d) 199

Frage 2: Warum wurden die Ziele beschlossen? / 1 Punkt

____

Frage 3: Bis wann müssen wir die Ziele erreichen? / 1 Punkt

a) 2078 b) 2030

Frage 4: Schreibe die fünf Kernbotschaften auf. / 5 Punkte

1. ______________________________
2. ______________________________
3. ______________________________
4. ______________________________
5. ______________________________

Frage 5: Suche dir eine Kernbotschaft aus und erkläre sie. / 1 Punkt

____

____

Bonusfragen, ohne Punkte! Kreise deine Antwort ein und begründe.

Muss die Welt, so wie sie jetzt gerade ist, gerettet werden?

Ja **Nein**

Findest du, dass du einigermaßen nachhaltig lebst?

Ja **Nein**

Punktzahl gesamt: ___ von 9 Punkten

13.4 Aktiv bei Nachhaltigkeit, Klima- und Umweltschutz!

Wie können wir aktiv in Bezug auf die Themen **Gewässerökologie** und **Nachhaltigkeit** werden?
Hier sind einige Ideen – dir fällt aber bestimmt noch mehr ein:

Dreck-weg-Tag
Organisiere gemeinsam mit deiner Klasse eine Gewässerreinigungsaktion. Sammelt Müll und Abfall in der Nähe von Flüssen, Seen oder Bächen.

Aquariumprojekt
Richte in der Schule ein kleines Aquarium mit heimischen aquatischen Organismen ein. Ihr könnt die Tiere pflegen und beobachten.

Bildungskampagne
Gestalte Informationsbroschüren oder Plakate über die Bedeutung sauberer Gewässer und den Schutz der Umwelt. Diese kannst du in der Schule oder in deiner Gemeinde verteilen.

Gäste einladen
Lade Expert*innen für Gewässerökologie oder Umweltschutz in die Schule ein, um Vorträge zu halten oder Workshops anzubieten.

Kunstprojekt
Erschaffe Kunstwerke, Gedichte oder Geschichten, die sich um das Thema Gewässer und Umweltschutz drehen, und organisiere eine öffentliche Vernissage (Kunstausstellung) dazu.

Schulpartnerschaft
Suche nach örtlichen Umweltschutzorganisationen oder Naturschutzgebieten, mit denen die Schule eine Partnerschaft eingehen kann, und nimm an deren Aktivitäten teil.

Nachhaltigkeitsprojekt
Starte in der Schule nachhaltige Initiativen, wie Recyclingprogramme, Energiesparmaßnahmen oder die Anlage von Schulgärten, um das Bewusstsein für Umweltschutz zu fördern.